U0175511

总体国家安全观普及丛书

GUOJIA RENGONG ZHINENG ANQUAN ZHISHI BAIWEN

国家人工智能安全知识

本书编写组

人民出版社

前　言

习近平总书记提出的总体国家安全观立意高远、思想深刻、内涵丰富，既见之于习近平总书记关于国家安全的一系列重要论述，也体现在党的十八大以来国家安全领域的具体实践。总体国家安全观所指的国家安全涉及领域十分宽广，集政治、国土、军事、经济等多个领域安全于一体，但又不限于此，会随着时代变化而不断发展，是一种名副其实的"大安全"。党的二十大报告指出，必须坚定不移贯彻总体国家安全观，把维护国家安全贯穿党和国家工作各方面全过程，确保国家安全和社会稳定。为推动学习贯彻总体国家安全观走深走实，引导广大公民增强国家安全意识，在第八个全民国家安全教育日到来之际，中央有关部门在组织编写科技、文化、金融、生物、生态、核等重点领域国家安全普及读本基础上，又组织编写了一批国家安全普及读本，涵盖海外利益安全、人工智能安全和数据安全 3 个领域。

读本采取知识普及与重点讲解相结合的形式，内容准确权威、简明扼要、务实管用。读本始终聚焦总体国家安全观，准确把握党中央最新精神，全面反映国家安全形势新变化，紧贴国家安全工作实际，并兼顾实用性与可读性，配插了图片、图示和视频二维码，对于普及总体国家安全观和提高公民"大安全"意识，很有帮助。

总体国家安全观普及读本编委会

2023 年 4 月

C目录
ONTENTS

目 录

篇 二

★ 统筹人工智能发展和安全 ★

目 录
CONTENTS

───── 篇　三 ─────

推动形成人工智能安全维护与治理的强大合力

目 录
CONTENTS

篇一

人工智能安全是国家安全的关键领域

习近平总书记关于统筹人工智能发展与安全有什么重要指示？

习近平总书记高度重视统筹人工智能发展和安全，围绕发展和安全辩证统一关系、筑牢国家安全屏障等发表一系列重要论述。习近平总书记在十九届中央政治局第九次集体学习时强调，要加强人工智能同社会治理的结合，开发适用于政府服务和决策的人工智能系统，加强政务信息资源整合和公共需求精准预测，推进智慧城市建设，促进人工智能在公共安全领域的深度应用，加强生态领域人工智能运用，运用人工智能提高公共服务和社会治理水平。习近平总书记在党的二十大报告中强调，坚持机械化信息化智能化融合发展，加快军事理论现代化、军队组织形态现代化、军事人员现代化、武器装备现代化，提高捍卫国家主权、安全、发展利益战略能力，有效履行新时代人民军队使命任务。习近平总书记在 2022 年中央经济工作会议上强调，提升传统产业在全球产业分工中的地位和竞争力，加快新能源、人工智能、生物制造、绿色低碳、量子计算等前沿技术研发和应用推广。

 党的二十大报告对人工智能发展提出了什么要求？

人工智能是新一轮科技革命和产业变革的重要驱动力量，发展人工智能是支撑科技自立自强、实现高质量发展的重要战略。党的二十大报告强调："推动战略性新兴产业融合集群发展，构建新一代信息技术、人工智能、生物技术、新能源、新材料、高端装备、绿色环保等一批新的增长引擎。"人工智能将成为未来世界经济和高端制造的主导技术，要抢抓人工智能发展的重大战略机遇，构筑我国人工智能发展的先发优势，加快建设创新型国家和世界科技强国，发挥人工智能对中国现代化产业体系建设的重要作用。

国家"十四五"规划如何强调人工智能安全?

《中华人民共和国国民经济和社会发展第十四个五年规划和 2035 年远景目标纲要》提出，要"加强网络安全关键技术研发，加快人工智能安全技术创新，提升网络安全产业综合竞争力"。人工智能安全是影响网络安全快速发展的重要因素，世界各国政府与区域组织纷纷发布政策文件加强人工智能监管，并积极探索如何有效地将人工智能技术创新应用到网络安全领域。

❯ 重要论述　以高水平科技安全保障国家总体安全

2019 年 1 月 21 日，习近平总书记在省部级主要领导干部坚持底线思维着力防范化解重大风险专题研讨班开班式上指出，科技领域安全是国家安全的重要组成部分。要加强体系建设和能力建设，完善国家创新体系，解决资源配置重复、科研力量分散、创新主体功能定位不清晰等突出问题，提高创新体系整体效能。要加快补短板，建立自主创新的制度机制优势。要加强重大创新领域战略研判和前瞻部署，抓紧布局国家实验室，重组国家重点实验室体系，建设重大创新基地和创新平台，完善产学研协同创新机制。要强化事关国家安全和经济社会发展全局的重大科技任务的统筹组织，强化国家战略科技力量建设。要加快科技安全预警监测体系建设，围绕人工智能、基因编辑、医疗诊断、自动驾驶、无人机、服务机器人等领域，加快推进相关立法工作。

什么是人工智能安全？

全国信息安全标准化技术委员会发布的《人工智能安全标准化白皮书（2019 版）》指出，人工智能安全是指通过采取必要措施，防范对人工智能系统的攻

击、侵入、干扰、破坏和非法使用以及意外事故，使人工智能系统处于稳定可靠运行的状态，以及遵循人工智能以人为本、权责一致等安全原则，保障人工智能算法模型、数据、系统和产品应用的完整性、保密性、可用性、鲁棒性、透明性、公平性和隐私的能力。

 人工智能安全涉及哪些内容?

人工智能安全大致可以划分为内生安全、衍生安全和发展安全。（1）内生安全是由人工智能自身的脆弱性导致的安全问题，通常存在于数据、算法／模型、平台和业务等环节。（2）衍生安全是指人工智能技术在应用于其他领域的过程中，因其脆弱性和不确定性，或者因受到恶意攻击而导致的安全问题，通常包括因恶意攻击、深度伪造和行为操控所导致的应用风险。（3）发展安全是指影响和决定人工智能所处的技术生态能否健康发展的安全问题，通常包括基础研究、应用研究、产业环境、体制机制、人才资源和国际环境等方面。

6　如何看待人工智能安全的重要性？

　　人工智能作为一项赋能型技术，是维护和支撑政治、经济、科技和社会等其他领域安全的重要力量。随着人工智能技术在不同领域的应用，其引发的安全风险涵盖了国家、社会、企业和个人等多个层面。如

果人工智能系统遭到攻击或破坏，可能会造成严重的
后果，如经济损失、人身伤害甚至政治动荡。因此，
在席卷全球的人工智能浪潮中，建立人工智能安全体
系是应对人工智能安全问题的关键一环。

如何理解人工智能安全与国家安全的关系？

　　作为一项革命性新技术，人工智能的发展与应用
将对国家安全带来一系列影响。一方面，人工智能可
以有效维护与保障国家安全；另一方面，人工智能的
脆弱性、不可解释性等特点会给国家安全带来潜在风
险与挑战。习近平总书记指出："要加强人工智能发
展的潜在风险研判和防范，维护人民利益和国家安
全，确保人工智能安全、可靠、可控。"《中华人民共
和国国家安全法》第二十五条规定，要提升网络与信
息安全保护能力，加强网络和信息技术的创新研究和
开发应用，实现网络和信息核心技术、关键基础设施

和重要领域信息系统及数据的安全可控。如何应对人工智能风险并把握人工智能发展的战略主动，有效保障国家安全，是我国国家安全治理的重要议题。

> **❯ 重要论述** 坚持推进国家安全体系和能力现代化

2020 年 12 月，在十九届中央政治局就切实做好国家安全工作举行第二十六次集体学习时，习近平总书记就贯彻总体国家安全观，要求"坚持推进国家安全体系和能力现代化"。党的二十大报告把"推进国家安全体系和能力现代化"放在重要位置，明确了国家安全现代化的两个重要内容，即"国家安全体系现代化"和"国家安全能力现代化"。

8 人工智能安全性、可靠性和可控性之间有何关系？

人工智能安全性主要关注由于其本身技术特点、缺陷、脆弱性或由于外部影响或受到攻击而产生的安全威胁。可靠性则强调人工智能系统在一定时间内、在一定条件下无故障地执行预定功能的概率。安全性和可靠性之间并无直接依赖关系，安全的人工智能系统未必可靠，可靠的人工智能系统也未必安全。可控性是指人工智能系统必须在人类的管控之下工作，在发现其失控时必须有行之有效的防控手段，关注的重点不在于人工智能系统是否安全和可靠，而是关注一旦出现风险时如何防控。因此，安全性、可靠性和可控性是从三种不同的视角对人工智能提出的要求，三者相辅相成，缺一不可。

 什么是人工智能技术的安全赋能效应?

人工智能技术的安全赋能效应体现在攻和防的两面性，一方面，人工智能技术能够提升安全领域的防御能力；另一方面，人工智能技术也可以被应用于安全攻击。例如，以机器学习、深度搜索为基础的人工智能技术能够提升自动检测网络安全和识别威胁的能力，提高风险预警效率；同样，网络空间安全在人工智能技术的辅助下，能够从被动防御趋向主动防御，从而更快更好地制定智能化的攻击策略并提升网络攻击能力。

10 人工智能技术存在哪些风险与隐患？

人工智能技术是一把双刃剑，一方面它能够赋能经济社会发展，另一方面也可能引发社会、道德和法律层面的风险。一是人工智能技术可能会造成算法歧视、隐私泄露等社会风险；二是人工智能技术存在道德风险，其设计研发过程容易受研发者的价值观念影响，让人工智能技术进行价值判断会引入道德偏见；三是人工智能技术还会带来侵权纠纷、著作权纠纷等新型法律纠纷风险。因此，必须要研判和防范人工智能的潜在风险，确保人工智能安全、可靠、可控。

❯ 延伸阅读 《人工智能安全测评白皮书(2021)》

国家工业信息安全发展研究中心于 2021 年发布的《人工智能安全测评白皮书（2021）》指出，人工智能安全风险共分为两大类：技术内生风险和系统衍生风险，其中技术内生风险分为数据安全、算法模型安全和基础设施安全三个方面，而系统衍生风险则包括不当使用安全、外部攻击安全和业务设计安全。

人工智能技术面临哪些安全威胁?

　　随着人工智能技术快速发展，由于其技术不成熟性、算法不可解释性、数据强依赖性和发展不确定性等局限性日益显现，这项新兴技术面临严峻的安全威胁。人工智能模型的训练严重依赖大量的训练数据，存在隐私泄露和"数据投毒"的威胁。人工智能系统在推广应用过程中面临的威胁包括：（1）对抗性攻击的威胁，通过在输入数据中掺杂恶意噪声使系统作出错误的决策；（2）逆向攻击的威胁，向目标模型发送大量特定的查询请求，通过获取的模型关键参数或安全漏洞实现模型篡改或隐蔽攻击的目的；（3）行为不可控的威胁，人工智能系统的自我学习能力可能导致其行为变得无法控制和预测，从而带来不可预知的安全威胁。

"数据投毒"对人工智能应用带来
哪些危害？

"数据投毒"是在人工智能训练数据中投放恶意数据，从而干扰数据分析模型正常运行的行为。在数据获取阶段，攻击者有意识地在数据中加入伪装数据和恶意样本，破坏数据的完整性，进而导致模型决策出现偏差。"数据投毒"的危害巨大，如在自动驾驶领域，"数据投毒"可导致交通工具违反交通规则甚至造成交通事故。在军事领域，"数据投毒"会诱导自主性武器错误地发起攻击，从而导致灾难性后果。

▶ 典型案例 "数据投毒"令聊天机器人闪现
后关闭

2016 年，微软在推特（Twitter）APP 上推出了人工智能聊天机器人 Tay，让它可以通过和网友们对话来学习怎样交谈。结果在运行不到 24 小时内，Tay 就因网民用粗话、脏话对它进行训练，迅速变成一个满嘴脏话、充满歧视和偏见的人工智能，微软不得不把它下线，主要原因便是对话数据集中被恶意增加不当数据。

13 对抗样本是如何欺骗误导人工智能系统的？

对抗样本是通过添加扰动导致人工智能模型产生误判的数据。攻击者可以通过在输入数据中添加人类感官无法辨识的细微偏差发起对抗样本攻击，影响人工智能系统的判断，使其产生错误的预测。对抗样本对人工智能模型的鲁棒性和安全性发起了挑战，成为人工智能安全领域研究的热点话题。

为什么开源模型容易成为被攻击的对象？

开源模型是指那些可以公开访问、修改和分享的人工智能模型。它容易被攻击主要源于 4 个方面：一是开发者自身安全意识和技术水平不足；二是无法避免在模型训练过程中人为植入恶意数据；三是缺乏必要的代码安全审查机制；四是开源模型使用与获取的便利性，为利用模型漏洞攻击提供了可乘之机。

 逆向攻击是如何导致模型内部数据泄露的？

逆向攻击是破坏机器学习模型机密性的一种方法，它可以在未经授权的情况下利用模型的输出结果反向推导出模型的训练数据。人工智能模型的输出结果包含了模型对训练样本的推理信息。攻击者可以利用这些信息，把还原训练数据转化为优化问题，尽可能减少逆向数据的输出信息和目标数据的输出信息差异。经过多次迭代后，就可以逼近真实的模型训练数据。

16 人工智能主流技术发展路线是什么？

人工智能技术在不断演进和发展中进步。早期人工智能系统主要是基于符号主义学派的方法，将知识编码成规则来指导计算机的行为，但这种方法难以应对复杂和不确定性的任务。20世纪90年代末期，机器学习开始受到广泛的关注，通过对大量数据进行训练，计算机可以自动发现规律并进行预测。直到2012年，谷歌的AlexNet在ImageNet图像识别竞赛中获胜，这标志着深度学习的崛起。深度学习凭借大规模数据集、强大的计算能力和更好的优化算法，通过多层神经网络训练，能够执行更加复杂的任务。

近年来，大规模预训练模型成为人工智能领域的热门技术，它通过预训练一种通用的语言模型，可以在各种自然语言处理、图像生成任务中表现出色。技术的快速进步带来了生成式人工智能（Generative Artificial Intelligence，GAI）的火热，人工智能模型能够实现新内容的"创作"，其中最具代表性的是由美国 OpenAI 公司推出的 GPT（Generative Pre-trained Transformer）系列模型。目前，由"大数据＋大算力"模式训练出的人工智能模型，被视为通往通用人工智能（Artificial General Intelligence，AGI）的一条可行路径。

> **延伸阅读**　人工智能的三大学派是什么？

　　人工智能主要分为三大学派，分别是符号主义、连接主义和行为主义。符号主义认为人工智能源于数学逻辑，其原理主要为物理符号系统假设和有限合理性原理。连接主义强调智能活动是由大量简单单元通过复杂连接后并行运行的结果，基本思想是通过人工方式构造神经网络，再训练人工神经网络产生智能。行为主义的思想来源是进化论和控制论，在与环境的作用和反馈中获得智能。

> **延伸阅读** **什么是通用人工智能（AGI）？**

AGI，即 Artificial General Intelligence 的简写，是计算机科学与技术专业用语，专指通用人工智能。这一领域主要专注于研制像人一样思考、像人一样从事多种用途的机器。这一单词源于 AI，但是主流 AI 研究逐渐走向某一领域的智能化（如机器视觉、语音输入等），为了与之相区分，增加了 General。

什么是生成式人工智能？

生成式人工智能（Generative Artificial Intelligence，GAI），是一种专注于生成或创建新内容的人工智能，它利用现有的文本、音频或图像等大型数据集进行机器学习，然后生成全新内容。2022 年 11 月，美国 OpenAI 公司发布的对话生成式预训练语言模型（ChatGPT）备受关注。作为生成式人工智能技术的代表，其具有更强的意图理解能力和语言组织能力，能够与用户更自然有效地沟通对话。ChatGPT 在交互和创作方面表现出的能力标志着以"大模型"为基础的人工智能技术走向成熟。

 ChatGPT 给科学研究带来了哪些挑战？

ChatGPT 给科学研究带来了多重便利，但也带来了诸多挑战。一是使用 ChatGPT 的科研人员有可能被错误或有偏见的信息误导，并将其纳入他们的研究成果中。二是科研活动中 ChatGPT 使用不当可能会产生技术依赖，助长学术不端，致使学术失范，进而损害科研人员的独立自主性和学术品质。三是 Chat-GPT 需要借助大量的文本资源库进行训练，对已有文本数据的复制和模仿可能会侵害知识产权。

19 为什么人工智能技术会带来偏见?

人工智能算法能够从海量数据中不断学习并提取

规律，进而形成自动化决策。但算法复杂性和不透明性会带来诸多问题，即使看似中立的算法也会产生偏见。一是系统性偏见，大部分来自遵循现有规则或规范的结果，不一定是任何有意识的偏见或歧视，可能会导致某些社会群体处于不利地位。二是统计性偏见，产生于开发人工智能应用的数据集和算法过程中，当算法在一种类型的数据上训练而不能超越这些数据进行应用时，偏见就会出现。三是人类偏见，来自人类思维中的系统性错误，此类偏见在机构、团体和个人决策过程中无处不在。

❯ 延伸阅读 人工智能数据保护相关法律

2018 年 5 月，欧盟出台《通用数据保护条例》（GDPR），该条例将 1995 年《欧洲数据保护指令》从原有的 34 条扩展到 99 条。2018 年 6 月，英国政府更新的《数据伦理框架》要求算法需要具备一定的公开性、透明性与可解释性。2019 年 4 月，美国国会两院议员提出《算法问责法案》，要求大型科技公司评估其自动决策系统带来的影响，并消除其中因种族、肤色、宗教、政治信仰、性别或其他特性差异而产生的偏见。

 人工智能的滥用会带来何种安全隐患？

　　人工智能滥用所带来的隐患来源于技术的脆弱性和不完善，主要包括数据泄露、算法偏见、技术缺陷等3个方面。关于数据泄露，人工智能依托于大数据发展，涵盖了诸多敏感信息，而数据泄露小则影响人的声誉，大则会对人的生命财产安全造成威胁。关于算法偏见，由于算法设计存在主观性，如果算法原理不够客观或是受人操控，就会对特定人群造成偏见。关于技术缺陷，因为人工智能技术还没有达到成熟期，技术滥用不仅会放大缺陷造成危险，还容易遭受恶意攻击。

21 人工智能算法黑箱会带来何种安全问题？

算法黑箱会造成结论不可用和不可信的问题。一方面，算法输入和输出之间如果缺乏解析性映射关系，就会因不被理解而难以应用；另一方面，算法黑箱可能只对用户不可解释，但其所有者可以在背后进行操控，因此不可信。人为的算法黑箱会造成严重的偏见问题，可能会非法窃取用户的信息，误导用户的思想，危及用户的生命财产安全。

 算法黑箱基本概念及成因

黑箱通常是一种隐喻，指的是"为人不知的、既不能打开又不能从外部直接观察其内部状态的系统"。算法黑箱指的是算法运行的某个阶段所涉及的技术复杂且部分人无法了解或得到解释。因此，算法黑箱的本质在于不透明、难解释。

数据隐私泄露会造成什么安全风险？

数据隐私泄露造成的安全风险可以分为个人和集体两个层面。如果个人的信息遭到泄露，可被人有意通过数据挖掘技术窥探个人隐私，进而可能对人身安全和财产安全造成威胁。对于企业等集体，数据隐私泄露最直接的影响就是使其在市场竞争中处于劣势，从而遭受经济损失；如果波及客户，则会造成信任度的缺失，影响企业未来的发展。

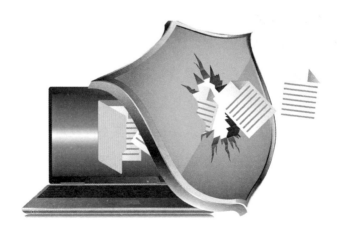

23 人工智能在金融领域中的使用是否会带来系统性风险？

人工智能技术目前已经被广泛应用于金融领域，但其自身固有的缺陷存在引发系统性金融风险的可能性。人工智能技术存在决策机制不透明、不可解释的特征，可能导致人类无法识别的风险。此外，人工智能模型极易成为技术攻击的目标，由于模型的同质化程度高，受到攻击时易引发连锁反应，危及整个金融系统的安全。

> **重要论述**　防止发生系统性金融风险是金融工作的永恒主题

要把主动防范化解系统性金融风险放在更加重要的位置，科学防范，早识别、早预警、早发现、早处置，着力防范化解重点领域风险，着力完善金融安全防线和风险应急处置机制。

——习近平总书记 2017 年 7 月 14 日至 15 日在全国金融工作会议上的讲话

❯ 重要论述 维护金融安全是关系我国经济社会发展全局的一件带有战略性、根本性的大事

　　金融安全是国家安全的重要组成部分，是经济平稳健康发展的重要基础。维护金融安全，是关系我国经济社会发展全局的一件带有战略性、根本性的大事。金融活，经济活；金融稳，经济稳。必须充分认识金融在经济发展和社会生活中的重要地位和作用，切实把维护金融安全作为治国理政的一件大事，扎扎实实把金融工作做好。

　　——习近平总书记2017年4月25日在十八届中央政治局第四十次集体学习时的讲话

人工智能助力金融服务

24 机器人将带来哪些社会伦理风险？

机器人与人共融的紧密关系，给人类工作和生活带来极大便利，但也会带来社会伦理风险。例如，工业机器人与人共同工作，一旦发生事故，责任如何划分；家用服务机器人进入家庭，会不会泄露个人隐私，人类会不会对其产生"感情"；服务于医院的公共机器人决策过程中会不会带有偏见，如在分配急诊病人的优先次序时带有偏见等。

25 人工智能如何影响网络安全和管理？

人工智能对网络安全和管理是一把双刃剑。一方面，若应用得当，人工智能可以用来增强网络安全防护能力、分析和管理网络流量、管理网络安全威胁情报，极大地促进网络安全。另一方面，不受控制的人工智能也可以成为网络安全和管理的破坏者。在人工智能的协助下，网络攻击者可以随时随地对特定目标发起针对性和隐蔽性强的进攻，将互联网空间变成人人自危的"黑暗森林"。

 人工智能安全技术的研发热点有哪些?

　　一方面，人工智能作为增强维护国家安全能力的重点技术领域，与国家安全相关的人工智能技术受到了极大的关注，主要包括：数据加密技术、情报收集和分析技术、风险监测预警技术、漏洞和攻击检测技术等。另一方面，安全可信的人工智能技术已成为研究领域的热点，旨在确保人工智能安全、可靠、可控，这些技术主要包括：人工智能系统稳定性技术、人工智能鲁棒性技术、人工智能可解释性增强技术、人工智能隐私保护技术、人工智能公平性技术、人工智能评估验证技术等。

> **延伸阅读**　区块链助力解决人工智能隐私保护问题

隐私保护是目前人工智能发展面临的重大难题。由于大量智能体的出现，个人隐私很容易流入公共空间，一些不法分子会把个人隐私作为某种财产来加以买卖。通过加密技术以及密码学原理，区块链可以保留原始数据，在可控范围内共享数据。通过加密技术可以给予数据使用者一定的权限。根据不同的业务需要及不同的场景和内容，使用者会获得不同的访问密钥，而且使用者在使用过程中也会留下时间戳。如此一来，数据使用将更容易追溯，也更容易加强基本的数据保护。

27　人工智能安全与法律、政策和标准的关系是什么？

2017年国务院发布的《新一代人工智能发展规

划》提出，"初步建立人工智能法律法规、伦理规范和政策体系，形成人工智能安全评估和管控能力"。通过对人工智能相关法律、伦理和政策问题的深入探讨，为智能社会划出法律和伦理道德的边界，让人工智能服务人类社会。法律、政策和标准要做到规制与保障并重，要通过法律、政策和标准解决人工智能引发的风险，实现有序发展；同时，要确保人工智能创新发展，更好赋能经济社会。

> 延伸阅读　欧盟发布《人工智能法案》提案

　　2021年4月，欧盟委员会发布《人工智能法案》提案，该提案是欧盟第一个关于人工智能的具体法律框架。该提案指出，高风险人工智能系统在投放市场前和使用过程中应严格履行接受审查的义务，包括生物特征识别，主要基础设施的管理和运营，教育和职业培训，就业，必不可少的私人和公共服务，执法，移民、避难和边境管制，司法和民主进程，某些欧盟法规涵盖的产品或产品的安全组件等系统。该提案要求，从以下7个方面定期对高风险人工智能系统清单进行评估：风险管理，数据和数据管理，技术文件，记录保存，透明度，自然人监督，准确性、鲁棒性和网络安全性。

人工智能技术在乌克兰危机中有哪些应用？

乌克兰危机是一场人工智能深度参与的局部战争，通过深度伪造的虚假战争宣传、社交机器人操控的舆情控制、基于人脸识别的定点清除等，使得智能化战争初现端倪。例如，俄罗斯宣布将战斗机器人投入战场，可自主规划路线移动，自动识别和攻击目标。乌克兰通过人脸识别技术除了实现对重要目标的识别外，还识别俄军战俘和阵亡士兵的身份，并把相关资讯公开，进行心理战宣传。

29 人工智能给军事领域带来哪些影响？

在军事领域，人工智能产生的影响将更为深刻，传统的作战理论、作战样式、组织编成、指挥模式等都会发生革命性变化，智能化水平高的一方将取得压倒性军事优势，智能化水平低的一方将难逃被动挨打的局面。受算法复杂、可解释性差等影响，智能化武器系统受攻击后可能导致不可预测的后果与危险，甚至反戈相击。同时，智能化武器多样化、低成本、易获取等特点可能带来扩散风险，导致战争门槛降低、管控难度加大。

智能弹药具有信息获取、目标识别和毁伤可控能力

伊朗高级核物理科学家遭暗杀，伊朗媒体：凶手为以色列遥控武器系统

人工智能军事应用产生的伦理问题有哪些？

人工智能技术不断向军事领域渗透，深刻重塑着现代战争范式和军事伦理格局。关于人工智能军事应用的伦理问题，其核心是如何看待和处理人机关系。具体而言：一是自主武器在无人类参与的情况下错误识别和摧毁目标，误杀误伤平民，难以界定责任主体。二是军事情报分析系统大量收集和分析个人数据会引发严重的隐私争议。三是难以确定人工智能武器研发、部署和使用应遵循何种标准和规范。

篇二

统筹人工智能发展和安全

人工智能在新一轮科技革命和产业变革中占据什么地位？

作为引领新一轮科技革命和产业变革的重要驱动力，人工智能催生了大批颠覆性的新产品、新技术、新业态和新模式。习近平总书记明确指出："人工智能是引领这一轮科技革命和产业变革的战略性技术，具有溢出带动性很强的'头雁'效应。"加快发展新一代人工智能是我们赢得全球科技竞争主动权的重要战略抓手。

习近平总书记在十九届中央政治局第九次集体学习时强调，加强领导做好规划明确任务夯实基础，推动我国新一代人工智能健康发展

当代经济社会发展对人工智能技术提出哪些新的要求？

习近平总书记指出："新一代人工智能正在全球范围内蓬勃兴起，为经济社会发展注入了新动能，正在深刻改变人们的生产生活方式。"《新一代人工智能发展规划》指出，"人工智能是影响面广的颠覆性技术，可能带来改变就业结构、冲击法律与社会伦理、侵犯个人隐私、挑战国际关系准则等问题"。为加快人工智能与经济、社会深度融合，提升新一代人工智能科技创新能力，发展智能经济，建设智能社会，维护国家安全，在大力发展人工智能的同时，要统筹发展和安全，具体要求包括：应用合法合规、功能可靠可控、数据安全可信、决策公平公正、行为可解释、事件可追溯。

> **延伸阅读**　**布局人工智能发展战略，保障国家安全**

　　2017 年 7 月，国务院印发的《新一代人工智能发展规划》指出，当前，我国国家安全和国际竞争形势更加复杂，必须放眼全球，把人工智能发展放在国家战略层面系统布局、主动谋划，牢牢把握人工智能发展新阶段国际竞争的战略主动，打造竞争新优势、开拓发展新空间，有效保障国家安全。人工智能对于国家安全具有重要战略意义，需要引起高度重视。

33　为什么说人工智能具有技术属性和社会属性高度融合的特征？

　　从技术属性来看，人工智能是一种高度复杂的技术系统，具有高度的技术含量和专业性，通过处理大量的数据和信息实现特定的智能任务，如图像识别、语音识别、自然语言处理等。人工智能对社会的影响越来越深远，可以提高工作效率、降低生产成本，但同时也可能带来如失业、隐私泄露、安全威胁等负面影响，涉及伦理、法律、政策等方面的问题。因此，人工智能具有技术属性和社会属性双重特征，在开发和应用人工智能技术的过程中，需要考虑到技术、社会、法律等多方面的因素，以确保人工智能的发展符合人类利益。

34 如何把握人工智能的技术和社会双重属性？

随着人工智能向深度和广度发展，处理好人工智能的技术属性和社会属性的关系至关重要。把握双重属性就是要把握人工智能技术属性和社会属性高度融合的特征。既要加大人工智能研发和应用力度，充分发挥人工智能潜力，又要预判人工智能的挑战，协调产业政策、创新政策与社会政策的作用，实现激励与合理规制的协调发展，最大限度防范风险。

35　人工智能作为一种新兴技术，如何兼顾发展与治理？

　　实现发展与治理的平衡，既要避免规范不足导致的社会问题，也要避免过度监管从而阻滞技术的发展。我国人工智能技术正处在一个快速发展的过程中，以敏捷治理或者多维治理为总体原则性方向，比较适合人工智能这个阶段的发展情况。人工智能治理可以从小处着眼，比如先从一些行业协会抓起，或者从企业的自律开始，给出相对具体且有可操作性的政策建议，然后逐渐发展到部门规则或者法律。

❯ 相关知识　敏捷治理

　　针对兼顾人工智能的发展与治理，我国创造性地提出了敏捷治理的模式。《新一代人工智能治理原则——发展负责任的人工智能》对其作出了阐释，即在推动人工智能创新发展、有序发展的同时，及

时发现和解决可能引发的风险。要通过提升智能化
技术手段、优化管理机制、完善治理体系等，推动
治理原则贯穿人工智能产品和服务的全生命周期。
同时，对未来人工智能的潜在风险进行预判，确保
人工智能始终朝着有利于人类的方向发展。

36 人工智能技术在生活中有哪些常见的应用？

　　人工智能技术应用场景愈发丰富，在制造、教
育、医疗、物流、娱乐等多个领域实现了技术落
地。例如，各类智能移动机器人、智能堆垛机在
仓储中心、物流中心往来穿梭，进行无人化搬运
作业；手环、手表等智能终端及时提醒用户健康状
况；等等。

我国对人工智能军事应用持何种立场?

　　2021 年 12 月，中国向联合国《特定常规武器公约》第六次审议大会提交《中国关于规范人工智能军事应用的立场文件》。这是中国首次就规范人工智能军事应用问题提出倡议。文件指出，加强对人工智能军事应用的规范，预防和管控可能引发的风险，有利于增进国家间互信、维护全球战略稳定、防止军备竞赛、缓解人道主义关切，有助于打造包容性和建设性的安全伙伴关系，在人工智能领域践行构建人类命运共同体理念。为此，文件从战略安全、军事政策、法律伦理、技术安全、研发操作、风险管控、规则制定、国际合作 8 个方面提出倡议，引导"智能向善"。

为什么人工智能治理需要国际合作？

随着人工智能技术的创新突破和加快应用，人工智能的治理出现了许多新的特点。一是人工智能加速应用，产生了更加复杂多元的治理问题，治理的维度和广度不断拓展；二是更加体系化的人工智能治理模式正在形成，治理的方法和手段日益丰富；三是人工

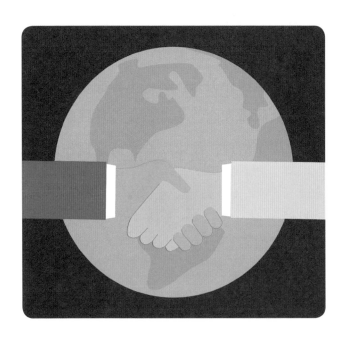

智能治理的国际交流与合作更加活跃，任何一个国家都无法单凭一己之力解决人工智能的全球性挑战和风险。因此，人工智能治理必须多主体协同、多目标兼顾，加强合作与对话，构建平衡包容的人工智能全球治理体系。

 我国为什么要发展负责任的人工智能？

　　为了更好地协调人工智能发展与治理的关系，确保人工智能安全可控可靠，推动经济、社会及生态可持续发展，共建人类命运共同体，2019 年 6 月，国家新一代人工智能治理专业委员会发布《新一代人工智能治理原则——发展负责任的人工智能》。该文件明确将"共担责任"作为人工智能治理的重要原则。从目前全球范围内关于人工智能的理论和实践研究来看，发展负责任的人工智能已成为广泛共识。

40 我国人工智能发展在国际上处于什么位置？

我国是世界上人工智能领域发展速度最快和潜力最大的国家之一。近年来，我国人工智能领域的论文总量、期刊论文被引量、专利申请量已跃居世界第一。总体而言，我国人工智能发展成效显著，创新水平已经进入世界第一梯队。但是，我国人工智能仍存在基础研究薄弱、关键软硬件高度依赖进口、高端人才缺口较大等问题。

 延伸阅读 我国人工智能期刊论文引用量超过美国

根据美国斯坦福大学《2021年人工智能指数报告》，中国人工智能期刊论文全球引用量在2020年首次超过美国。该报告指出，在期刊论文总数超过美国的若干年后，中国终于在被引量上也拿下了世界第一。

人工智能与数字经济之间的关系是什么？

人工智能是数字经济创新发展的前沿和焦点，人工智能的发展和创新意味着数字经济技术驱动力的进一步升级。习近平总书记强调："要推进互联网、大数据、人工智能同实体经济深度融合，做大做强数字经济。"数字经济建设也将带动人工智能创新。随着数字经济实践广度和深度的进一步扩展，人们对人工

智能技术的理解也必将越来越深入，人工智能技术也
将随之迎来更大的发展。

 人工智能如何助力安全风险防范和应对？

  人工智能助力安全风险防范和应对主要体现在：
一是提高防范应对人工智能自身安全风险的技术能
力，确保人工智能安全、可靠、可控；二是利用人工
智能技术保障支撑国家安全，带动国家安全能力整体
跃升和跨越式发展。围绕上述两方面所涉及的风险监
测、评估、预警、响应、处置等核心环节，构建全域
联动、立体高效的国家安全防护保障能力体系，主
要包括：人工智能相关国家安全风险监测预警能力建
设、人工智能相关国家安全危机响应恢复能力建设、
人工智能增强维护国家安全评估研判能力建设、人工
智能增强维护国家安全防护保障能力建设、人工智能
提升国家安全知识构建和意识引导能力建设。

我国人工智能产业发展的现状如何？

随着人工智能核心技术的加速发展，我国人工智能产业重点围绕前沿技术和核心算法、基础软硬件开展联合攻关。我国人工智能技术快速发展、数据和算力资源日益丰富、应用场景不断拓展，为开展人工智能场景创新奠定了坚实基础。工业和信息化部指出，2022年我国人工智能核心产业规模超过5000亿元，企业数量超过4000家。

⊙ 延伸阅读 **《促进新一代人工智能产业发展**

三年行动计划（2018—2020 年）》

2017 年 12 月，工业和信息化部印发了《促进新一代人工智能产业发展三年行动计划（2018—2020年）》，以信息技术与制造技术深度融合为主线，以新一代人工智能技术的产业化与集成应用为重点，推动人工智能和实体经济深度融合，加快制造强国和网络强国建设。文件明确提出发展人工智能产业的重要意义："人工智能具有显著的溢出效应，将进一步带动其他技术的进步，推动战略性新兴产业总体突破，正在成为推进供给侧结构性改革的新动能、振兴实体经济的新机遇、建设制造强国和网络强国的新引擎。"

⊙ 延伸阅读 **2023 年《政府工作报告》总结**

过去五年科技创新成果

2023 年《政府工作报告》指出："科技创新成果丰硕。构建新型举国体制，组建国家实验室，分批推进全国重点实验室重组。一些关键核心技术攻关取得新突破，载人航天、探月探火、深海深地探测、超级计算机、卫星导航、量子信息、核电技术、大飞机制造、人工智能、生物医药等领域创新成果不断涌现。全社会研发经费投入强度从 2.1% 提高到 2.5% 以上，科技进步贡献率提高到 60% 以上，创新支撑发展能力不断增强。"

 ## 技术可控对人工智能产业安全有何作用？

应用层面的技术不可控将会造成数据隐私、算法偏见、技术滥用等问题，给人工智能产业发展带来严峻挑战。同时，核心技术的自主可控对于保障和促进人工智能产业安全起着关键性的支撑作用。习近平总书记强调，关键核心技术是要不来、买不来、讨不来的，要尽快突破关键核心技术，努力实现关键核心技术自主可控，把创新主动权、发展主动权牢牢掌握在自己手中。

 重要论述 努力实现关键核心技术自主可控

> 　　实践反复告诉我们，关键核心技术是要不来、买不来、讨不来的。只有把关键核心技术掌握在自己手中，才能从根本上保障国家经济安全、国防安全和其他安全。要增强"四个自信"，以关键共性技术、前沿引领技术、现代工程技术、颠覆性技术创新为突破口，敢于走前人没走过的路，努力实现关键核心技术自主可控，把创新主动权、发展主动权牢牢掌握在自己手中。
>
> 　　——习近平总书记2018年5月28日在中国科学院第十九次院士大会、中国工程院第十四次院士大会上的讲话

45 人工智能如何保障"双链"安全？

　　"双链"安全，指的是产业链安全和供应链安全。

习近平总书记强调："产业链、供应链在关键时刻不能掉链子，这是大国经济必须具备的重要特征。"掌握人工智能的发展先机将为我国摆脱产业链低端锁定和关键技术受制于人的局面提供机遇，助力保障产业链、供应链自主可控。

人工智能怎样助力实体经济繁荣发展？

人工智能作为新一轮产业变革的核心驱动力，将创造新的强大引擎，重构生产、分配、交换、消费等经济活动各环节，形成从宏观到微观各领域的智能化新需求，催生新技术、新产品、新产业、新业态、新模式，引发经济结构重大变革，深刻改变人类生产生活方式和思维模式，实现社会生产力的整体跃升。

新型举国体制在推动人工智能创新发展中有何重要意义？

  党的十九届四中全会提出，要"构建社会主义市场经济条件下关键核心技术攻关新型举国体制"。新型举国体制是面向国家重大需求，瞄准关键核心技术和"卡脖子"领域，以体制创新为科技创新提供动力，在新发展阶段、新发展理念、新发展格局下集中力量办大事的协同机制，是中国特色社会主义制度优势的重要体现。"新型举国体制"在人工智能等关键核心技术方面将充分发挥其整体协同优势、关键集中优势和有效动员优势，推动科研力量优化配置和资源共享，在科技创新领域"更好发挥政府作用"，使我国在人工智能领域的技术创新发展中占据主动。

◎ 重要论述 新型举国体制助力科技自立自强

  完善党中央对科技工作统一领导的体制，健全新型举国体制，强化国家战略科技力量，优化配置创新资源。

——习近平总书记2022年10月16日在中国共产党第二十次全国代表大会上的报告

 如何利用人工智能增强文化自信？

强化人工智能在演艺、娱乐、工艺美术、文化会展等传统文化行业中的应用，促进文化资源数字化转化和开发利用，打造新型体验场景和创新文化产品，增强文化的传播力、吸引力、感染力，将有助于推动中华文化瑰宝"活"起来，提升人民群众文化方面的获得感、安全感和幸福感。

 习近平总书记对文化自信提出什么要求？

习近平总书记指出："文化自信是一个国家、一

个民族发展中最基本、最深沉、最持久的力量。"党的十八大以来,在以习近平同志为核心的党中央坚强领导下,在习近平新时代中国特色社会主义思想科学指引下,我国文化建设在正本清源、守正创新中取得历史性成就、发生历史性变革,呈现文化兴国运兴、文化强民族强的生动图景,全党全国各族人民文化自信更加坚定。以坚定的文化自信为基础,中国精神、中国价值、中国力量展现恢宏气象,中国人民的志气、骨气、底气得到极大增强,焕发出更为主动的精神力量,为新时代坚持和发展中国特色社会主义提供了坚强思想保证和强大精神力量。

如何应对人工智能带来的舆论引导与文化渗透问题？

在舆论和文化领域，人工智能技术可被用于算法引导、平台渗透、网络监控、内容生成等信息处理环节，从而达到舆论引导和文化渗透的目的。面对这些问题，一是加强舆论文化领域数字化监管的顶层设计，完善相关监测和引导机制；二是加强舆情分析平台的智能化水平和相关从业人员的专业水平，构建高效的人机协同的舆情监测、分析和干预新模式；三是在舆论宣传领域建立针对人工智能背景的安全审查制度，对相关产品进行必要的专门安全审查，分析潜在安全威胁。

❯ 典型案例 剑桥分析公司利用数据操控选举

剑桥分析公司通过脸书（Facebook）用户的数据，预测选民动向，定向投放广告，帮助"客户"赢得选举。在2016年美国总统竞选中，特朗普团队在剑桥分析公司的协助下，根据特朗普现有支持者的特征，将拉票广告发给了其他潜在支持者。

 人工智能如何保护民族语言？

数字技术的发展和人工智能的应用，为语言保护工程带来新思路和新手段。运用语音识别、语音转写、语音合成等人工智能技术，不仅能提高语言存档

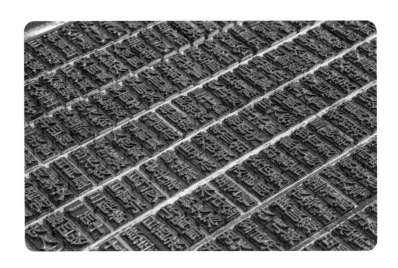

的速度，更能实现濒危语言的语音输入，使没有文字的濒危语言也能得以记录与保存。同时，人工智能还可以用来开发个性化、智能化的学习材料和工具，帮助人们更好地学习和传承民族语言。

 人工智能创新发展急需哪些方面的人才？

人工智能研究可以分为基础层、技术层、应用层。随着人工智能技术的快速发展，我国对人工智能人才的需求急剧增加，需要一大批高水平的基础研究人才和工程技术人才。基础研究人才从事理论创新，并将人工智能前沿理论与实际算法模型开发相结合；工程技术人才结合特定使用场景，将人工智能算法及各项技术与行业需求相结合，实现相关应用工程化落地以及快速产出。

❯ 延伸阅读　我国人工智能领域人才短缺

人力资源和社会保障部发布的《中华人民共和国职业分类大典（2022年版）》净增了158个新职业，其中首次标注了97个数字职业。据人社部发布的2022年第二季度全国招聘大于求职"最缺工"的100个职业排行显示，制造业缺工状况持续，"计算机网络工程技术人员""工业机器人系统操作员"等缺工程度加大。其中，工业机器人系统操作员的缺口更为突出。数据显示，仅在中国人工智能机器人行业人才缺口就高达500万人，复合型人才和高层级人才稀缺，供需比例严重失衡。

如何利用人工智能技术引才聚才？

人工智能技术促进了人才管理手段的升级和发展，有助于提升人才管理工作的"精细度"和"精准度"。通过智能挖掘和分析技术，可以对人才信息进行深度解析，构建高精度多维人才画像，协助进行人才的客观评估、顶尖人才的精准引进、人才流失的风险预警等工作。

 我国高校应如何加强人工智能专业建设？

2018 年教育部发布的《高等学校人工智能创新行动计划》指出，高校应当加强专业建设。加快实施"卓越工程师教育培养计划 2.0"，推进一流专业、一流本科、一流人才建设。主动结合学生的学习兴趣和社会需求，积极开展"新工科"研究与实践，重视人工智能与计算机、控制、数学、统计学、物理学、生物学、心理学、社会学、法学等学科专业教育的交叉融合，探索"人工智能+X"的人才培养模式。鼓励对计算机专业类的智能科学与技术、数据科学与大数据技术等专业进行调整和整合，对照国家和区域产业需求布点人工智能相关专业。

人工智能产业就业市场调查：没毕业先"上岗"，人工智能专业人才需求巨大

54 为什么说高端芯片制造是我国人工智能领域的"卡脖子"技术？

人工智能技术与产业进入高速发展阶段，传统芯片已经不能满足学界和业界对芯片性能及算力方面的要求，高端芯片成为研究机构和企业用于探索和应用人工智能技术必不可少的硬件支持。目前，

在芯片设计和制造领域，中国缺乏原创性的设计软件、先进制程工艺和制造设备等，如光刻机高度依赖进口。因此，我国人工智能技术的研发和产业落地不仅面临时间和资金成本居高不下的问题，而且存在被其他国家技术封锁和断供核心部件的巨大风险，这是导致我国人工智能发展面临不确定性风险的根源。

人工智能芯片和传统芯片有何区别

> **重要论述**　尽快突破关键核心技术

　　提升自主创新能力，尽快突破关键核心技术，是构建新发展格局的一个关键问题。我国高校要勇挑重担，释放高校基础研究、科技创新潜力，聚焦国家战略需要，瞄准关键核心技术特别是"卡脖子"问题，加快技术攻关。

　　——习近平总书记 2020 年 9 月 22 日在教育文化卫生体育领域专家代表座谈会上的讲话

55　数据安全风险如何影响人工智能发展?

　　数据作为驱动人工智能快速发展的重要基础，数据安全也决定了人工智能的安全。数据安全风险主要来源于数据质量、数据篡改、数据污染、数据泄露等问题，会阻碍人工智能的发展。数据质量不高会直接影响算法模型的准确性，数据篡改引入的偏差可能会带来算法歧视，数据污染和恶意"数据投毒"可能会导致模型产生错误的结果。数据泄露、丢失和滥用将直接威胁国家安全和社会稳定，如果得不到合理管控，人类将被置于隐私"裸奔"的尴尬境地，从而产生严重的伦理风险。

工业和信息化部：研究制定车联网、人工智能等重要领域数据安全标准

 智慧政府与传统政府有什么区别?

智慧政府代表了政府建设和治理的新格局、新理

念。相比于传统政府，智慧政府坚持科技赋能，不仅强调政府治理中的数据要素整合，还强调领导干部对人工智能技术的深刻理解与积极运用，提升政府宏观调控能力的科学性和整体协调性。

智慧政务：打造便民利企服务圈

57 为何人工智能领域需要加强知识产权保护？

习近平总书记指出："创新是引领发展的第一动力，保护知识产权就是保护创新。全面建设社会主义现代化国家，必须更好推进知识产权保护工作。"知识产权保护机制为人工智能领域的创新发展营造了良好的法治环境，有助于激励人工智能先进企业的创新研发，促进人工智能相关产业保持创新活力。

加强知识产权源头保护

促进知识产权高质量创造。健全高质量创造支持政策，加强人工智能、量子信息、集成电路、基础软件、生命健康、脑科学、生物育种、空天科技、深地深海探测等领域自主知识产权创造和储备。加强国家科技计划项目的知识产权管理，在立项和组织实施各环节强化重点项目科技成果的知识产权布局和质量管理。优化专利资助奖励等激励政策和考核评价机制，突出高质量发展导向。完善无形资产评估制度，形成激励与监管相协调的管理机制。

——《"十四五"国家知识产权保护和运用规划》

58 如何正确理解深度神经网络的不可解释性问题?

深度神经网络是机器学习领域中的一种技术，它的不可解释性在于，过于复杂的模型结构机理和计算过程导致运算结果难以解释。此外，学习过程中的随机性，导致网络输入与输出之间的映射关系难以理解。总体来看，深度神经网络的信息处理过程就像一个神秘的黑盒子，输入题目，得到答案，而人们对于黑盒子内部运行情况，所知甚少。

 人工智能是否对生态安全带来影响？

生态安全是指一个国家赖以生存和发展的生态环境处于不受或少受破坏与威胁的状态。人工智能对生态安全领域的冲击来源于高能耗造成的环境污染问题。算力是发展人工智能的核心生产力，它的提升要消耗大量的能源。计算的环境成本与模型的大小成正比，仅仅是训练一次自然语言处理的 GPT-3 模型，就将产生约 85000 千克的二氧化碳当量，相当于一辆汽车行驶 70 万公里。

怎样利用人工智能培育文化新业态？

　　人工智能重新塑造了文化内容制作、传播和变现的过程，是文化产业变革的重要动力。要顺应数字产业化和产业数字化发展趋势，基于人工智能技术培育文化新业态。《"十四五"文化产业发展规划》提出，培育壮大线上演播、数字创意、数字艺术、数字娱乐、沉浸式体验等新型文化业态。促进数字文化与社交电商、网络直播、短视频等在线新经济结合，支持基于知识传播、经验分享的创新平台发展。

中国智慧交通系统发展现状如何？

　　近年来，我国在交通领域中充分运用物联网、云计算、人工智能、自动控制等技术，大大加速了智能交通系统的发展。目前，我国智慧交通技术已处于世界一流水平，整体趋于成熟，在一些具体应用上甚至已取得领先地位，交通状态综合检测、公路运营与管理等城市交通系统的智能化程度明显提高。

智慧交通让"绿灯自由"成为可能

当前的无人驾驶技术可靠吗？

当前的无人驾驶技术是否可靠和衡量标准有关。无人驾驶系统通过人工智能技术能快速从海量的训练数据中获取知识和经验，在很短的时间内达到甚至超过专业司机的能力水平。但是，在面临复杂路况时，无人驾驶技术还存在一定的局限性，如较大的数据噪声或者陌生的场景会引发系统的错误决策，导致交通事故的发生，危及乘客的生命安全。因此，在常见的路况条件下，无人驾驶系统的可靠性已经达到或者超越了人类；但在极端路况条件下，其可靠性大幅下降，存在一定的安全隐患。

> **❯ 延伸阅读　自动驾驶等级**
>
> 2022 年 3 月 1 日，我国正式实施《汽车驾驶自动化分级》国家推荐标准（GB/T 40429—2021），将对自动驾驶产业的发展及后续相关法规的制定起到积极作用。
>
> 汽车的自动驾驶等级将基于以下 6 个要素进行划分。
>
> （1）驾驶自动化系统是否持续执行动态驾驶任务中的目标和事件探测与响应。
>
> （2）驾驶自动化系统是否持续执行动态驾驶任务中的车辆横向或纵向运动控制。
>
> （3）驾驶自动化系统是否同时持续执行动态驾驶任务中的车辆横向和纵向运动控制。
>
> （4）驾驶自动化系统是否持续执行全部动态驾驶任务。
>
> （5）驾驶自动化系统是否自动执行最小风险策略。

(6) 驾驶自动化系统是否存在设计运行范围限制。

基于这6个要素，国标再将驾驶自动化系统划分为0级（应急辅助）、1级（部分驾驶辅助）、2级（组合驾驶辅助）、3级（有条件自动驾驶）、4级（高度自动驾驶）、5级（完全自动驾驶）共6个等级。而这6个等级，也有对应的6个标准。

63 人工智能如何赋能环境污染治理？

人工智能通过推进环境监测工作，赋能环境污染治理。主要通过建设中央统筹、覆盖全国的环境监测体系和人人参与、及时反馈的环境监测参与机制，提高环境监测工作的效率、精确度和参与度。根据分析，使用人工智能可以帮助减少26亿—53亿吨的二氧化碳，占全球减排总量的5%—10%。人工智能通过模型预测，为环境污染治理决策提供优化方案，赋能环境污染治理。通过构建模型、机器学习等技术，人工智能能够针对不同环境下的环境污染治理效果进行预判，助力有关环境污染治理的重大决策。

 智能制造对节能减排有何促进作用？

智能制造是通过使用智能设备和信息技术，提高生产力和产品质量的制造方式。一方面，智能制造推动企业技术创新，通过智能优化生产工艺和提高生产质量，来促进产品的降耗和可持续性。例如，通过智能控制可以使生产过程更加精细化，从而提高产品的功率密度，增加使用寿命。另一方面，智能制造推动企业生产结构优化，有效提高资源的配置效率，从而节省能源和降低排放。例如，智能制造可以通过实时监控和调节生产过程中的能量使用情况，来实现节能减排。

65 如何理解智能储能的必要性？

　　智能储能是指使用智能控制技术来管理能源储存系统，以提高储能系统的效率和可靠性。智能储能技术的发展和应用对于人类高效储能十分必要。一方面，智能储能可以得到充分监控、预测，合理储能及调度储备的能源，协助人类在能源领域"削峰平谷"，提高储能效率；另一方面，智能储能可以降低储能成本，减少储能过程中的能源损耗。在人工智能技术的支持下，不少利用电池组储能的设备可以最大化释放能源，延长储能设备的生命周期。

66 人工智能怎样推动核能数字化转型？

为推动核能数字化转型，要以人工智能应用促进产业链升级，以核电厂产品数字化和过程数字化为目标，逐步实现核电数字化设计、数字化工程、数字化交付、数字化运行以及数字化退役，充分利用数字化赋能核能产业持续升级，促进传统产业与新兴产业协同发展。

67 如何促进人工智能在公共安全领域的深度应用？

《新一代人工智能发展规划》要求，围绕社会综合治理、新型犯罪侦查、反恐等迫切需求，研发智能安防与警用产品，建立智能化监测平台。支持有条件的社区或城市开展基于人工智能的公共安防区域示范。强化人工智能对食品安全的保障，建立智能化食品安全预警系统。加强人工智能对自然灾害的有效监测，构建智能化监测预警与综合应对平台。

68 智慧边检如何严打非法入境？

智慧边检强调利用新科技打造检验体系和建设智慧口岸，推动边检工作的前瞻性、科学性和精确性。大数据、人工智能等技术为打击非法入境工作提供了更高效、智能的信息手段。智能验证台、出入境旅客自助查验系统、生物特征自助采集一体机等科技产品能有效提高非法入境识别的准确性，智能信息研判平台、智能辅助办案系统等进一步推动执法办案工作的协同化、智能化发展。

人工智能在生物安全中发挥什么作用？

　　生物安全是国家安全的重要组成部分。人工智能可协助建立生物安全风险防控机制，保护生物安全。通过搜集、整合、分析生物安全大数据，人工智能技术可协助建立生物安全态势感知系统、指标预警体系、态势研判机制。人工智能也可助力生物研究、医药研究等工作，进而保障生物安全。例如，人工智能技术已经在小分子化合物筛选、化合物创造等领域发挥了重大作用，为应对生物安全提供了有力工具。在疾病鉴定和筛查工作中，人工智能算法被用来快速准确地识别出病毒和细菌。

人工智能如何构筑抗疫科技防线？

　　新型冠状病毒感染是人类历史上面临的较大生物

安全威胁之一。在构筑抗疫科技防线中，人工智能技术发挥了巨大作用。一方面，人工智能助力预测和防控传染病的传播。在新冠疫情的应对工作中，国内研究团队通过传染病的传播模型进行建模，并利用人工智能算法来快速准确地预测传染病的传播趋势，并采取相应的防控措施，最大限度减少了人民群众伤亡和财产损失，有力协助了抗疫工作。另一方面，人工智能可进行疫情期间的人员、资源监控和调配。通过对疫情的数据进行智能分析，防疫部门得以综合研判，并采取相应的聚集管理措施。此外，防疫部门利用人工智能技术对医疗资源进行供需建模，以提高资源利用效率。

 人工智能怎样为太空旅行保驾护航？

作为人类未来深空探索的主要手段，太空旅行是多领域先进技术的综合。人工智能技术以高度自动化、智能感知的特性，在太空导航、环境监测、设备维护三方面为太空旅行保驾护航。人工智能可以协助宇航员驾驶太空飞行器，大大提升导航系统的工作效率和精确度。此外，人工智能可用于对太空环境的监测和分析，帮助宇航员更好地了解太空环境，从而更好地应对太空环境的挑战。例如，通过从太空中拍摄的视频，可以训练深度学习算法，识别太空垃圾、宇宙异象等可能影响太空旅行的安全隐患，并提醒宇航员及时避开，为太空旅行保驾护航。

人工智能如何协助宇航员完成太空任务？

人工智能可以通过多种形式协助宇航员完成太空任务。人工智能能够实时监测并及时预警飞行器异常，快速定位问题，给出针对性建议，从而辅助宇航员解决技术难题。同时，人工智能还能识别宇航员的错误指令，确保指令的准确性并提高指令审查的效率。此外，人工智能与宇航员的交互式沟通，有助于缓解宇航员在执行太空任务时的心理压力，保障宇航员的心理健康。

> ❯ **延伸阅读** 我国太空任务计划方向

太空任务指人类乘坐航天器到达外太空后需要完成的工作，包括飞行任务、探索任务、实验任务、货运任务、商业任务等。我国太空任务计划方向：一是提高空间探测能力，继续实施载人航天、探月及其他深空探测工程，进一步加深对太阳系的认识；二是提高对地观测能力，比如我国重大科技专项之一的高分辨率对地观测系统，目前已进入全面建设阶段；三是提高信息利用能力，2020 年 7 月 31 日，北斗三号全球卫星导航系统正式开通。

73 人工智能在企业资源管理中有何应用？

第一，人工智能可以用来进行预测性分析，利用大量数据，对企业的资源需求进行建模预测，协助企业制定有效的资源配置计划。第二，人工智能可以实时监控企业的资源使用情况，协助管理者及时发现资源利用率不足或过剩的情况，帮助企业迅速调整资源配置方案。第三，人工智能通过分析大量数据，能为企业提供资源利用方面的建议和指导，在资源管理中帮助企业优化资源配置方案，提高资源利用率。

74 数字孪生模型有何作用?

数字孪生模型是基于诸多历史数据、实时数据及算法模型等，以数字化方式创建物理实体或过程的数字化表达。它在促进数字经济发展、推动智能制造升级、助力智能城市建设方面具有积极作用。一是推动数字经济与实体经济的融合发展，提高劳动生产效率，培育新市场和产业新增长点。二是为工业产品的设计和生产提供仿真服务，进而优化产品设计、制造和智能服务。三是提升城市规划的质量和水平，打造科学的公共服务体系，推动智能城市建设。

75 人工智能会造成大规模失业吗?

目前，人工智能的发展仍处于弱人工智能阶段。

根据社会经济发展规律，人工智能发展初期会造成一些专业领域的人员失业，然而随着人工智能技术的发展，新技术会推动许多新行业的发展，创造一系列新岗位。此外，虽然人工智能会替代部分工作岗位，但人工智能无法替代人类的创造性劳动和情感性劳动。因此，不必惧怕、排斥人工智能技术，而是与人工智能建立多重互动关系，服务人的需求，更好实现人机协同。

人工智能时代来临是否会引发"失业潮"

人工智能是否会造成劳动力市场的不平等问题？

　　人工智能的发展将冲击劳动力市场，短期可能会造成市场的不平等问题，自动化和智能化会对一些工作岗位造成较大的冲击。从长期来看，不平等问题将逐渐得到缓解。但这种不平等并不是人工智能本身的问题，而是劳动力市场的发展滞后于人工智能的发展而造成的。

 人工智能是否会弱化社会分工边界？

　　人工智能的发展使行业之间的界限日益模糊。人工智能的高运算能力、高信息建模能力、高进化性对行业边界产生了两个方面的显著影响：一是人工智能增强了机器的多样性能力，生产体系中的社会分工边界被弱化。二是人类的学习能力在人工智能的辅助下得以增强，从而弱化了专业分工边界。由此，基于分工形成的传统社会结构也需要重新适配。

 什么是可解释人工智能？

　　人工智能的可解释性是指人类能够理解人工智能模型在决策过程中所作出的选择，包括作出决策的原因、方法和决策内容，并信任这些决策。美国国防部高级研究计划局（DARPA）在 2015 年正式提出可解释人工智能项目，项目的目标是通过使用有效的解释来构建更多人类可理解的人工智能系统，从而让用户更好地信任和有效管理人工智能系统。

> **◗延伸阅读** 可解释人工智能基本原则
>
> 　　美国国家标准与技术研究院（NIST）提出了可解释人工智能的 4 项基本原则。

（1）可解释：人工智能系统为所有输出提供相关证据或原因。

（2）有意义：人工智能系统应向个体用户提供有意义且易于理解的解释。

（3）准确性：所提供的解释应正确反映人工智能系统生成输出结果的过程。

（4）知识界限：人工智能系统仅在预设或系统对其输出有足够信心的情况下运行。

79 什么是算法战？

算法战是以人工智能为主导的作战概念，将加速推进人工智能、大数据、虚拟现实等前沿技术在军事方面的应用。算法战以算法为主要手段，可发展演化为情报算法战、网络算法战、电磁频谱算法战、无人系统算法战等多种战争样式。算法战赋予算法设计者"战争设计师"的使命，算法所代表的集智、凝智、制智能力将成为战争博弈的核心要素。2017年4月，美国国防部成立了"算法战跨职能小组"（AWCFT），协同国防创新小组、战略能力办公室和陆军研究实验室，与谷歌等知名企业开展广泛合作，共同开发与算法战相关的新技术。当前，算法战还存在一定的局限性。比如，算力资源难以匹配适应军事对抗系统的复杂性；设计者的失误可能造成软件功能上的缺陷；一旦通过某种手段破坏算法逻辑，就可能造成不可控的灾难性后果。

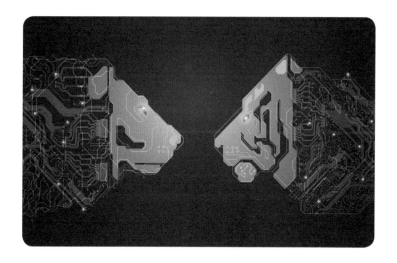

什么是人机混合智能？

　　人机混合智能是一种由人、机、环境系统相互作用而产生的智能形态，既不同于人的智能，也不同于机器智能，它是机器物理性智能和人类生物性智能的有效结合。人机混合智能主要目标是将人的感知、认知能力和计算机强大的运算和存储能力相结合，形成"1+1>2"的智能增强形态。人机混合智能技术是推动未来智能化战争形成与发展的重要关键技术。在作战力量构成方面，将实现有人与自主无人混合编组，人类士兵与机器士兵能够进行交流，一同理解上级意图，一致理解战场态势，高效协同，发挥各自优势，提高作战效能。在作战指挥决策方面，将人机混合智能系统的智能要素融入作战指挥链，协助指挥员在变幻莫测、时间紧迫的战场环境中，掌控全域，及时作出最优决策。

什么是人工智能防火墙？

人工智能防火墙是一种保障信息系统及其使用者隐私、安全不受侵犯的软件产品。与传统防火墙单纯依靠"白名单""黑名单"的机械防控方式不同，人工智能防火墙主要利用统计、记忆、概率和决策的智能方法来对数据进行识别。人工智能防火墙在防范黑客入侵和攻击、集中监控和管理内部局域网、保障信息安全、提供身份认证授权、阻断恶意软件传播等方面，都有较高的应用价值。

人工智能是信息泄密者，还是保护者？

随着人工智能技术的蓬勃发展，"深度伪造""换脸技术"等人工智能应用可能存在的隐私泄露伦理风险日益显著，但这并不意味着它与隐私保护之间存在非黑即白的对立关系。若伦理规范构建得当，人工智能技术可以成为也应当成为信息的保护者。2021年9月25日，国家新一代人工智能治理专业委员会发布的《新一代人工智能伦理规范》提出"保护隐私安全""确保可控可信"，为人工智能发挥信息保护者作用提供了明确的方向指导。

83 什么是深度伪造技术？

深度伪造技术是指利用生成对抗网络和卷积神经网络等深度学习算法，伪造文本、图像、视频、虚拟场景等信息的技术。深度伪造内容分为四种：（1）视频伪造；（2）图像伪造；（3）声音"克隆"；（4）文本伪造。深度伪造具有逼真程度高、技术门槛低、甄别难度大等特点，一经公布就被迅速传播应用。深度伪造可应用于辅助教育教学、科学研究、艺术创作等，但同时也为政治抹黑、军事欺骗、经济犯罪等提供了新工具，如被恶意使用可能会对国家安全和社会秩序带来巨大风险与严峻挑战。

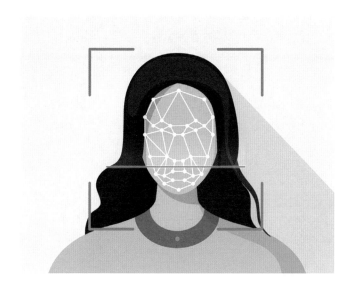

篇三

推动形成人工智能安全维护与治理的强大合力

人工智能领域如何践行总体国家安全观？

　　《新一代人工智能发展规划》在总体要求中指出，应当"把握世界人工智能发展趋势，突出研发部署前瞻性，在重点前沿领域探索布局、长期支持，力争在理论、方法、工具、系统等方面取得变革性、颠覆性突破，全面增强人工智能原始创新能力"。必须加强人工智能发展的潜在风险研判和防范，维护人民利益和国家安全，确保人工智能安全、可靠、可控。充分发挥人工智能的技术支撑作用，服务经济社会发展和保障国家安全。

習近平总书记主持召开中央国家安全委员
会第一次会议强调，坚持总体国家安全观，走
中国特色国家安全道路

我国对人工智能支撑国家安全提出什么要求?

　　加快发展新一代人工智能是我们赢得全球科技竞争主动权的重要战略抓手。习近平总书记在 2023 年 2 月 21 日二十届中央政治局第三次集体学习时强调,以更多重大原始创新和关键核心技术突破为人类文明进步作出新的更大贡献,并有效维护我国的科技安全利益。《新一代人工智能发展规划》要求,把人工智能发展放在国家战略层面系统布局、主动谋划。深入实施创新驱动发展战略,以加快人工智能与经济、社会、国防深度融合为主线,以提升新一代人工智能科技创新能力为主攻方向,发展智能经济,建设智能社会,维护国家安全。全面提升社会生产力、综合国力和国家竞争力。

为什么说 2021 年是我国算法治理元年？

2021 年是我国人工智能治理极具实质性突破的一年。一方面，我国在当年发布了《中华人民共和国数据安全法》《中华人民共和国个人信息保护法》等重要法律，这些标志性立法行为反映出我国的人工智能治理向更具实质性的监管落地；另一方面，同样在当年发布的《新一代人工智能伦理规范》要求，提高算法设计、实现、应用等环节的安全透明度，避免数据采集和算法开发的偏见歧视。这些立法实践和伦理原则体现出我国完善算法伦理治理的负责任形象。

我国在人工智能治理方面有哪些专业机构？

我国人工智能治理方面有三类专业机构。第一类是政府治理机构，包括国家新一代人工智能治理专业委员会、科技部新一代人工智能发展研究中心。第二类是标准研究机构和学会组织，例如全国信息技术标准化技术委员会人工智能分技术委员会、上海市人工智能标准化技术委员会、中国人工智能学会。第三类是技术和应用治理的研究机构，主要有中国科学技术发展战略研究院、启元实验室、中国信息通信研究院、北京大学人工智能治理研究中心等。

88 我国在人工智能治理方面有哪些相关立法？

当前，我国没有一部针对人工智能治理的专门性综合性立法，但对人工智能关键要素（数据、算法、算力）的治理已建立起不同层级的法律法规体系，比如《中华人民共和国数据安全法》《中华人民共和国个人信息保护法》《互联网信息服务算法推荐管理规定》等。同时，在人工智能不同的应用领域也出台了

相关规则，例如在互联网信息服务领域，我国出台了
《互联网信息服务管理办法》《关于加强互联网信息服
务算法综合治理的指导意见》等法律法规；在自动驾
驶领域，我国出台了《智能网联汽车道路测试与示范
应用管理规范（试行）》《汽车数据安全管理若干规定
（试行）》等法律法规。各地方也积极出台了人工智能
产业发展相关法律法规，深圳市和上海市先后施行了
《深圳经济特区人工智能产业促进条例》《上海市促进
人工智能产业发展条例》，在提出促进人工智能产业
发展的各项政策措施之外，也对人工智能安全治理进
行了探索。

 全球人工智能安全政策有哪些？

　　世界主要国家高度关注人工智能安全，将其作为
国家安全的重要组成部分，加紧出台规划和政策。近
年来，美国先后发布《人工智能应用规范指南》《生

成人工智能网络安全法案》《情报界人工智能伦理原则》《人工智能国家安全委员会最终报告》《人工智能能力与透明度（AICT）法案》，欧盟先后发布《关于人工智能、物联网、机器人对安全和责任的影响的报告》、《人工智能威胁态势报告》、《自动驾驶应用人工智能所面临的网络安全挑战》、《人工智能法案》提案、《人工智能与网络安全：技术、治理和政策挑战》，英国发布《国家人工智能战略》，德国发布《自动驾驶法》，以色列发布《人工智能和国家安全》，等等。

 什么是人工智能安全治理?

人工智能安全治理是指由政府、行业组织、企业以及公众等多元主体共同参与、协同合作，通过制定伦理原则、设计技术标准、确立法律法规等多种举措，实现科技向善、造福人类的总体目标愿景，推动人工智能健康有序发展。推动人工智能安全治理需要平衡好人工智能创新发展与有效治理的关系，既要精准防范并积极应对人工智能可能带来的安全风险，也要不断释放人工智能所带来的技术红利。

> **❯ 延伸阅读**　中国发布《新一代人工智能伦理规范》
>
> 　　2021 年 9 月 25 日，国家新一代人工智能治理专业委员会发布《新一代人工智能伦理规范》。该规范包括总则、特定活动伦理规范和组织实施等内容，提出增进人类福祉、促进公平公正、保护隐私安全、

确保可控可信、强化责任担当、提升伦理素养等 6 项基本伦理要求，同时还提出了涉及人工智能管理、研发、供应、使用等特定活动的 18 项具体伦理要求。

91 人工智能安全治理包括哪些方面？

人工智能安全治理包括法规政策、标准规范、技术体系、可控生态、国际合作与军控等方面。具体而言，需要以下举措：建立健全人工智能重点应用领域和安全风险的法律法规体系，强化人工智能伦理道德和价值导向政策制定；完善人工智能算法公平、安全评估评测等方面的技术标准与应用规范；加强人工智能安全防范前沿技术研究，建设安全治理技术支撑能力，构建安全治理技术体系；增加对人工智能产业生态中薄弱环节的研究与投入，提升产业生态的自主可控能力；加强国际合作，构建普遍参与的国际机制，就人工智能军事应用的发展规范寻求共识，负责任地开发和利用人工智能技术。

> **延伸阅读　人工智能安全治理，中国在行动**
>
> 中国始终致力于在人工智能领域构建人类命运共同体，积极倡导"以人为本"和"智能向善"理念，主张增进各国对人工智能伦理问题的理解，确保人工智能安全、可靠、可控，更好地赋能全球可持续发展，增进全人类共同福祉。为实现这一目标，中国呼吁各方秉持共商共建共享理念，推动国际人工智能伦理治理。2021年12月，向联合国《特定常规武器公约》第六次审议大会提交了《中国关于规范人工智能军事应用的立场文件》，呼吁各方遵守国家或地区人工智能伦理道德准则。2022年11月，结合自身在科技伦理领域的政策实践，参考国际社会相关有益成果，向联合国《特定常规武器公约》2022年缔约国大会提交了《中国关于加强人工智能伦理治理的立场文件》，从人工智能技术监管、研发、使用及国际合作等方面提出重要主张。

中国提交《中国关于加强人工智能伦理治理的立场文件》

92 人工智能安全治理包含哪些主体？

　　人工智能安全治理具有多方参与、协同共治的特征。人工智能安全治理主体包括政府、国际组织、行业组织、企业和社会公众。政府在人工智能安全治理中作为领导者，负责搭建技术研发与治理框架、设立专业管理机构、制定政策与法律规则。国际组织在全球人工智能治理中扮演着引导者和推动者的角色。行业组织是协调人工智能治理、制定人工智能产业标准的积极实践者。企业是践行治理规则和行业标准的中坚力量。社会公众是人工智能技术的主要服务对象，拥有监督、讨论、意见反馈等权利。

❯ 延伸阅读　联合国教科文组织发布《人工智能伦理建议书》

　　2021 年 11 月，联合国教科文组织在法国巴黎发布了《人工智能伦理建议书》，这是全球首个针对人工智能伦理制定的规范框架。该建议书定义了关于人工智能技术和应用的共同价值观与原则，用以指导建立必需的法律框架，确保人工智能的良性发展，促进该项技术为人类、社会、环境及生态系统服务，并预防潜在风险。

93　人工智能安全治理对象有哪些？

　　人工智能安全治理对象是指由人工智能技术引发的安全风险和参与技术全生命周期的相关主体。《新一代人工智能治理原则——发展负责任的人工智能》提出的共担责任原则，强调人工智能研发者、使用者及其他相关方应具有高度的社会责任感和自律意识，严格遵守法律法规、伦理道德和标准规范。由此来看，研发者、使用者和其他相关方是人工智能安全治理的对象。

94 我国在人工智能安全治理方面有哪些实践？

围绕人工智能现实应用可能引发的技术安全、国家安全、国际安全问题，我国不断颁布政策法规和国际立场文件，以完善人工智能安全治理。国家新一代人工智能治理专业委员会发布《新一代人工智能治理原则——发展负责任的人工智能》《新一代人工智能伦理规范》，提出了人工智能治理框架和行动指南，旨在将伦理道德融入人工智能全生命周期。在技术安全和伦理治理方面，工业和信息化部组织制定了《电信和互联网行业数据安全标准体系建设指南》。在法律制定方面，《中华人民共和国民法典》《中华人民共和国网络安全法》《中华人民共和国数据安全法》《中华人民共和国个人信息保护法》等法律先后对人工智能安全作出了不同程度规定，要求不得泄露、出售或非法向他人提供个人信息等。在国际治理合作方面，外交部发布了《中国关于规范人工智能军事应用的立场文件》，呼吁国际社会加强对人工智能军事应用的规范，预防和管控可能引发的风险，打造包容性和建设性的安全伙伴关系。

95 国际社会在人工智能安全治理方面有哪些实践？

联合国教科文组织于 2021 年 11 月发布《人工智能伦理建议书》，这是全球首个针对人工智能伦理制定的规范框架，是全世界在政府层面达成的最广泛共识。二十国集团（G20）于 2019 年 6 月批准了《G20 人工智能原则》，确立了以人为中心的发展理念。经济合作与发展组织（OECD）于 2019 年 5 月发布了全球首个人工智能政府间政策指导方针，形成《人工智能原则》，确立了负责任地管理可信赖的人工智能的 5 项原则。

联合国教科文组织发布《人工智能伦理建议书》，全球首个人工智能伦理规范框架正式发布

96 国际人工智能安全治理平台有哪些？

国际人工智能安全治理平台是指国家和组织基于人工智能全球安全治理，以一定协议形式建立的国际机构或机制。最具代表性的治理平台有联合国《特定常规武器公约》、联合国教科文组织、二十国集团、经济合作与发展组织等。在规范人工智能军事应用方面，联合国《特定常规武器公约》自 2014 年以来围绕致命性自主武器的安全挑战和国际治理开展了多轮对话，已经成为国际社会讨论人工智能军事应用问题

的重要平台。在规范民用人工智能的发展方面，联合国教科文组织、二十国集团、经济合作与发展组织为世界主要国家提供了讨论平台，并且在凝聚国际共识的基础上发布了相关治理准则。

人工智能安全和可信赖之间的关系是什么？

可信赖是提高人工智能安全可控必不可少的要求，是确保技术安全透明的重要原则。《新一代人工智能治理原则——发展负责任的人工智能》的安全可控原则和《新一代人工智能伦理规范》的增强安全透明规范要求，二者均指出，人工智能系统应不断提升透明性、可解释性、可靠性、可控性，逐步实现可审核、可监督、可追溯、可信赖。

98 什么是人工智能系统的"最终控制权"?

　　人工智能系统的"最终控制权"体现于技术的可控可信。《新一代人工智能伦理规范》指出，人工智能各类活动应遵循确保可控可信的基本伦理规范，具体包括："保障人类拥有充分自主决策权，有权选择是否接受人工智能提供的服务，有权随时退出与人工智能的交互，有权随时中止人工智能系统的运行，确保人工智能始终处于人类控制之下。"我们必须针对人工智能制定新的法律、形成新的伦理规范，以避免人工智能陷人类于危险境地。

99 如何避免人工智能被过度滥用?

　　针对人工智能技术过度滥用问题，应当坚持发展人工智能增进人类共同福祉的愿景，构建多方协作主动式治理框架。因此，必须重视国内人工智能技术滥用法律、规制欠缺的问题，坚持立法前置，构建人工智能未来法治体系。在国际层面，应当加强人工智能的全球治理，探索制定合作治理准则，形成国际对话机制，避免人工智能滥用带来安全威胁和人道主义灾难。

> **❯ 延伸阅读** 相关文件对避免人工智能滥用的要求

《新一代人工智能伦理规范》提出，要充分了解人工智能产品与服务的适用范围和负面影响，切实尊重相关主体不使用人工智能产品或服务的权利，避免不当使用和滥用人工智能产品与服务，避免非故意造成对他人合法权益的损害。《中国关于规范人工智能军事应用的立场文件》指出，各国应确保新武器及其作战手段符合国际人道主义法和其他适用的国际法，努力减少附带伤亡、降低人员财产损失，避免相关武器系统的误用恶用，以及由此引发的滥杀滥伤。

智能向善！中国就人工智能军事应用治理
发声

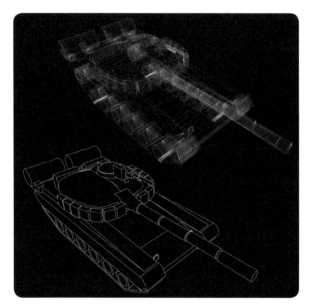

100 保障人工智能应用的安全可控
有哪些措施？

当前，人工智能的广泛应用，带来了许多重要的
安全和隐私问题，如数据泄露、黑客攻击和虚假信息

的扩散等。对此，首先我们需要建立更加安全的数据管理和保护机制，加强对数据的加密和脱敏处理。其次，需要加强对人工智能算法和模型的审计和监管。最后，需要加强对人工智能系统的安全和可控性的测试和评估，建立更加完善的评估体系，对人工智能系统的安全和可控性进行评估。

为什么说建立可追溯机制是化解人工智能安全风险的重要手段？

面对人工智能引发的信任焦虑，发展可信人工智能已经成为全球共识。可追溯性是可信人工智能的一个重要特征，也是在人工智能系统全生命周期中对其进行定期跟踪和持续评估的技术性方法。可追溯性是指人工智能系统从数据处理、建模、部署到决策的全流程信息都应被清晰地记录，从而推动实现算法、数据、设计和决策流程的监控验证，达到确保人工智能安全、可靠、可控的目的。

102 如何强化数据安全与隐私保护？

在人工智能时代，加强数据安全需要系统布局，要加强数据治理、保护数据安全，为数字经济持续健康发展筑牢安全屏障。人工智能发展应尊重和保护个人隐私，充分保障个人的知情权和选择权。在个人信息的收集、存储、处理、使用等各环节应设置边界，建立规范。完善个人数据授权撤销机制，反对任何窃取、篡改、泄露和其他非法收集利用个人信息的行为。

保护个人数据隐私

103 人工智能安全标准框架体系研究应坚持什么原则？

人工智能安全标准框架体系涵盖人工智能算法模型安全、数据安全与隐私保护、基础设施安全、产品和应用安全、测试评估等维度。《新一代人工智能发展规划》针对加强人工智能安全标准框架体系研究的问题指出，坚持安全性、可用性、互操作性、可追溯性原则，逐步建立并完善人工智能基础共性、互联互通、行业应用、网络安全、隐私保护等技术标准。

104 如何建立健全保障人工智能健康发展的法律法规、制度及伦理体系？

《新一代人工智能发展规划》指出，开展与人工智能应用相关的民事与刑事责任确认、隐私和产权保护、信息安全利用等法律问题研究，建立追溯和问责制度，明确人工智能法律主体以及相关权利、义务和责任等。开展人工智能行为科学和伦理等问题研究，建立伦理道德多层次判断结构及人机协作的伦理框架。制定人工智能产品研发设计人员的道德规范和行为守则，加强对人工智能潜在危害与收益的评估，构建人工智能复杂场景下突发事件的解决方案。

人工智能在生命安全领域应遵循哪些应用规范？

当前，人工智能在生命安全领域的应用愈加广泛，但要严格遵循规范限制，包括善意使用，充分考虑人工智能对人类生命安全的影响；避免误用滥用，避免不当使用造成的生命安全损失；禁止违规恶用，禁止使用危害人类生命安全，不符合法律法规、伦理道德和标准规范的人工智能产品和服务；及时主动反馈，使用者及时反馈使用中发现的技术安全漏洞；提高使用能力，使用者及开发者应积极学习人工智能相关知识，主动掌握实用技能，确保人工智能产品和服务安全高效使用。

 **如何理解人工智能治理原则对人工智能发展的作用？**

人工智能治理原则的重要作用是更好地协调人工智能发展与治理之间的关系，确保人工智能安全、可靠、可控。目前而言，人工智能的发展仍然存在技术和社会潜在影响的双重"不确定性"，因此需要对人工智能的潜在风险进行持续的研究和预判，确保人工智能健康稳健发展。这就需要人工智能治理原则来发挥宏观引导作用，为实现人工智能朝着对全人类、全社会及自然生态有益的方向发展提供可靠规范，同时为未来的立法工作提供重要的基础。

107 人工智能伦理的概念是什么？

伦理研究对人工智能科技发展发挥着引领性、支撑性和规范性的作用。对人工智能系统的设计、开发和应用等一系列行为中的安全性和正当性的思考及价值判断，都需要伦理研究的介入。制定人工智能伦理规范，建立统一完善的标准体系，对引领人工智能科技发展、争夺智能领域治理规则的话语权具有重要意义。国内外与人工智能伦理相关的研究工作，主要在两个层面上展开：其一，理论性的研究工作，包括在哲学、社会学、心理学、管理学等具体学科中进行人工智能伦理基础理论与问题的探讨；其二，政策和规则的制定，包括有关国家、地区、机构和企业等针对人工智能技术发展制定的伦理原则、规范和政策等。

什么是人工智能面临的"电车难题"?

"电车难题"是伦理学领域的思想实验,实验对象可以选择是否切换失控电车的轨道,面临着是否牺牲一人而拯救多人的伦理困境,其本质上是价值判断和价值选择难题。在进行此类判断和选择时,人类设计的人工智能作出的自主决策可能造成致命性后果,这将带来新的"人工智能电车难题"。具体而言,它涉及决策行为责任主体的认定困境,根据权责一体的规定,如何准确判断决策行为的责任主体并进行问责将成为一个难题。

为什么要将伦理道德融入人工智能全生命周期?

人工智能技术一旦被误用、滥用,可能会冲击社会道德规范和现有法律体系,引发严重的灾难和伦理问题。我国发布的《新一代人工智能伦理规范》强调，要将伦理道德融入人工智能全生命周期。这是为了促进人工智能发展的公平、公正、和谐、安全，避免在人工智能的现实应用中出现偏见、歧视、隐私和信息泄露等问题。

110 如何将伦理融入人工智能全生命周期?

人工智能全生命周期包括初始、设计与开发、验证与确认、部署、运行与监测、重新评估及退出等阶段。将伦理融入人工智能全生命周期需要在管理、研发、供应、使用等方面进行全方位推动。

 **延伸阅读** 《新一代人工智能伦理规范》关于将伦理融入人工智能全生命周期的描述

《新一代人工智能伦理规范》强调，将伦理道德

融入人工智能全生命周期，在管理规范上要推动敏捷治理、积极实践示范、正确行权用权、加强风险防范、促进包容开放；在研发规范上要强化自律意识、提升数据质量、增强安全透明、避免偏见歧视；在供应规范上要尊重市场规则、加强质量管控、保障用户权益、强化应急保障；在使用规范上要提倡善意使用、避免误用滥用、禁止违规恶用、及时主动反馈、提高使用能力。

111 人工智能技术研发应当遵从什么样的伦理准则？

《新一代人工智能伦理规范》对人工智能在研发规范方面提出了4项伦理要求：（1）强化自律意识，加强人工智能研发相关活动的自我约束；（2）提升数据质量，严格遵守数据相关法律、标准与规范；（3）增强安全透明，增强人工智能系统的韧性、自适应性和抗干扰能力；（4）避免偏见歧视，在数据采集和算法开发中，加强伦理审查，充分考虑差异化诉求。人工智能伦理原则尚未充分应用于具体的技术场景和技术产品中，伦理原则的可计算性尚未实现。

112 人工智能发展应遵循的原则是什么？

围绕人工智能发展，国内外发布了具有代表性的规范原则。《新一代人工智能治理原则——发展负责任的人工智能》提出了和谐友好、公平公正、包容共享、尊重隐私、安全可控、共担责任、开放协作、敏捷治理等 8 条原则。《中国关于加强人工智能伦理治理的立场文件》提出积极倡导"以人为本"和"智能向善"理念，确保人工智能安全、可靠、可控，更好赋能全球可持续发展，增进全人类共同福祉。

❯ 延伸阅读　联合国教科文组织《人工智能伦理建议书》关于人工智能发展原则的描述

联合国教科文组织制定的《人工智能伦理建议书》提出，发展和应用人工智能首先要体现尊重、保护和提升人权及人类尊严，促进环境与生态系统的发展，保证多样性和包容性，构建和平、公正与相互依存的人类社会等4个方面的价值。

视 频 索 引

126

后 记

　　人工智能领域是国家安全最为前沿的新兴领域，由于人工智能仍处于快速发展阶段，在技术和应用方面尚不完善，可能引发很多前所未有的新挑战、新问题。习近平总书记高度重视维护人工智能安全，就推动我国人工智能健康发展作出一系列重要指示批示，强调要加强人工智能发展的潜在风险研判和防范，维护人民利益和国家安全，确保人工智能安全、可靠、可控。为全面贯彻总体国家安全观，落实提升人工智能安全领域全民国家安全意识的重要任务，中央有关部门组织编写了本书。

　　本书由科技部组织编写。王志刚任本书主编，李萌任副主编，梁颖达、赵志耘、邢怀滨、梅建平、徐源任编委会成员。参与本书调研、写作和修改的主要人员有：常歆识、许谦、徐峰、李修全、张昊、何婷、刘鑫怡、雷孝平、赵丹、刘乾、王禄超、郑鹏、冯世鹏、王艺颖、侯慧敏、司伟攀、刘媛媛、于烨、金珊、李善青、王海燕、王豪、刘笑然等。在编写出版过程中，人民出版社等单位给予了大力支持，在此一并表示感谢。

书中如有疏漏和不足之处，敬请广大读者提出宝贵意见。

编　者

2023 年 3 月

责任编辑：翟金明　李甜甜

装帧设计：周方亚

责任校对：吕　飞

图书在版编目（CIP）数据

国家人工智能安全知识百问／《国家人工智能安全知识百问》
　编写组著 . —北京：人民出版社，2023.4
ISBN 978 - 7 - 01 - 025586 - 6

Ⅰ. ①国… 　Ⅱ. ①国… 　Ⅲ. ①人工智能 – 网络安全 – 问题解答
　Ⅳ. ① TP393.08–44

中国国家版本馆 CIP 数据核字（2023）第 058469 号

国家人工智能安全知识百问

GUOJIA RENGONG ZHINENG ANQUAN ZHISHI BAIWEN

本书编写组

人民出版社 出版发行

（100706　北京市东城区隆福寺街 99 号）

中煤（北京）印务有限公司印刷　新华书店经销

2023 年 4 月第 1 版　2023 年 4 月北京第 1 次印刷

开本：880 毫米 ×1230 毫米 1/32　印张：4.625

字数：55 千字

ISBN 978 - 7 - 01 - 025586 - 6　定价：23.00 元

邮购地址 100706　北京市东城区隆福寺街 99 号

人民东方图书销售中心　电话（010）65250042　65289539